黏土玩出的多肉世界

刘锦萍　著

河南科学技术出版社
· 郑州 ·

图书在版编目（CIP）数据

黏土玩出的多肉世界 / 刘锦萍著 . —郑州：河南科学技术出版社，2016.5

ISBN 978-7-5349-7425-0

Ⅰ . ①黏… Ⅱ . ①刘… Ⅲ . ①粘土－手工艺品－制作
Ⅳ . ① TS973.5

中国版本图书馆 CIP 数据核字（2016）第 079294 号

出版发行： 河南科学技术出版社
地　　址： 郑州市经五路 66 号　　邮编：450002
电　　话：（0371）65737028　65788613
网　　址： www.hnstp.cn
策划编辑： 张　培
责任编辑： 张　培
责任校对： 崔军英
整体设计： 张　伟
责任印制： 张艳芳
印　　刷： 郑州瑞光印务有限公司
经　　销： 全国新华书店
幅面尺寸： 170 mm×240 mm　　印张：5.5　　字数：110 千字
版　　次： 2016 年 5 月第 1 版　　2016 年 5 月第 1 次印刷
定　　价： 29.00 元

如发现印、装质量问题，影响阅读，请与出版社联系并调换。

序

与刘锦萍老师初次见面是在杭州的教室里，对手作充满喜爱、执著的共同点让我们结缘。

此次锦萍老师出版的《黏土玩出的多肉世界》一书中每件作品都充满创意巧思及用心，栩栩如生，完整的制作过程分解及说明让手作爱好者容易上手，更容易创作出属于自己的作品。

手作是开心、幸福的，让人活得更有自信。用黏土亲手捏、塑、剪、擀、抹、绘，做出与众不同的生活艺术品，更是时下时尚与品位的象征。

近年来文化产业的发展使得黏土 DIY 项目兴起，一块不起眼的黏土只要运用巧思、巧手就能让居家物品再次穿上新衣，更能学习第二专长的技艺。值此全球经济不景气的大环境，学习第二技能是相当重要的。主妇们不但能 DIY 布置一个赏心悦目的家，也能利用学习的黏土技巧制作出属于自己风格的作品进行销售、教学，创造事业的第二春。愿与大家共勉。

中华国际手作生活美学推广协会荣誉理事长

日本株式会社アイボン粘土工艺评鉴教授

前 言

曾几何时，多肉这种古怪的物种进入了我们的视野，以前只知道宝石花和仙人掌，仿佛一夜之间，它们幻化出千军万马，像万花筒般奇异多变。

多肉缤纷的颜色和奇特的形状，就像一个个小精灵，而它们各自的生长轨迹，又仿佛生命的曼荼罗……

多肉是姑娘们的最爱，因为它们色彩丰富、造型万千，令人目不暇接。或是呆萌的桃之卵群生，或是创意无限的多肉花艺作品，任何一款都会让你流连忘返。

多姿多彩的多肉植物，一直是一群低调的舞者，它们有着绚丽多彩的颜色和千变万化的姿态。它们或灵动或静幽，或清新淡雅或妖娆妩媚，或朴实无华或雍容华贵，于冥思中呈现不同的情趣。它们把我们带入宁静温馨的世界，给人以细腻、优雅、柔和、幽远、纯净的美感。

徜徉在多肉的艺术世界里，你找到能轻叩你心扉的那一株了吗?

我的多肉盆栽都是用日本的黏土（又名面包花土）制作出来的。无论在外观、颜色还是质感上都和实物极为相近，如果不仔细观察很难辨别真假。所用面包花土的柔韧性和可塑性是其他黏土无法比拟的，而且成品不易损坏，保存期长达数年，是仿真花的最高境界。

希望有更多的朋友能加入我们黏土玩多肉的大家庭中。

刘锦萍

2015.10

刘锦萍：

师从台湾方佩玲老师，手艺研习项目：日本手作アート花（面包花）专业课程、日本黏土工艺专业课程、居家装饰アート花课程，日本アイボン株式协会证书课程评鉴讲师。她作为国内首位系统学习并拥有日本黏土工艺和日本手作アート花教授证书的人，精通面包花和卡通捏塑，长期从事黏土设计和商业应用实践，教学经验丰富，在杭州开办有面包花和卡通捏塑培训教室。

课程涵盖：儿童卡通捏塑课程、面包花专业课程、成人卡通捏塑及面包花创业班。结业可申请日本证书。

目 录

初级作品

中级作品

高级作品

学习重点

1. 所需的材料及工具：绿叶土，红标土，铁丝，纸胶带，专用胶水，油彩，上色笔，花器，油土，白棒，黑棒，凸凸笔，七本针，弯刀等。

2. 本书所用到的技法有：搓球形、搓水滴形，压扁。做多肉植物时很少会借助工具，叶子的形状基本靠手捏出来。

3. 植物的大小没有标准化的规定，只要掌握植物的比例即可，可按照自己想要表现的意境和所选的花盆自己安排比例捏塑。不用刻意追求每片花瓣和叶子都一模一样，叶子之间有差异才能体现出自然之美。

4. 叶子的形状须参考实物或图片反复练习，所有的形状都由球形变化而来，搓出来的球形表面要光滑没有裂痕才算合格。

5. 调色的重要性：任何东西要想做得逼真，调色是基本的。可以参考多肉图片或实物，慢慢调出与实物相近的颜色。调色没有一定的比例，需自己认真观察并经反复练习，再融入自己的喜好，才能调出自己想要的颜色。

6. 调色时，要分多次加入少量油彩，慢慢调到自己满意的颜色，这样可以避免因调色错误而产生大量不需要的黏土，从而避免浪费。调色过程中为了保证黏土干净，保持双手清洁相当重要。

7. 专用胶干了以后虽然是透明的，但是用的时候还是不宜过多，以免留下痕迹，而且涂抹过胶水的地方不容易着色。

8. 加过油彩的黏土会干得比较快，所以调完以后要尽快用完。

9. 最好是在叶子半干的时候组合出成品，这时组合出来的形状最为自然。

10. 上色的时候笔上的油彩不能太多，落笔不要太重，过重的颜色涂上去就很难修改，颜色要用稍浅一些的慢慢上色才便于调整。同时每种颜色之间要过渡自然，不能出现断层。

11. 随着季节变化，多肉的颜色也会变化，可根据所要表现的季节来调颜色，也可以多调几个颜色，以增加作品的层次感。

12. 要等作品完全干了以后再上色，这样可以避免变形。

13. 组合完成后把作品悬挂晾干。

14. 如需要，可以在表面涂上一层亮光保护剂。

基础示范

工具介绍

① 白棒 ② 弯刀 ③ 三支工具组 ④ 七本针 ⑤ 剪刀

上色笔

① 凸凸笔 ② 胶水

油彩

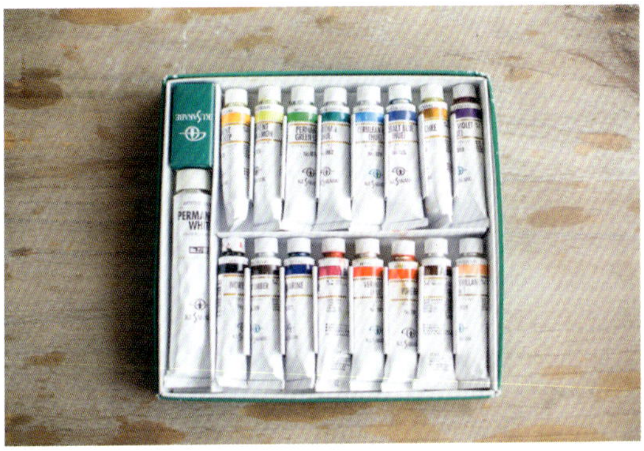

纸胶带

面包花土（所用为日本生产的面包花土）

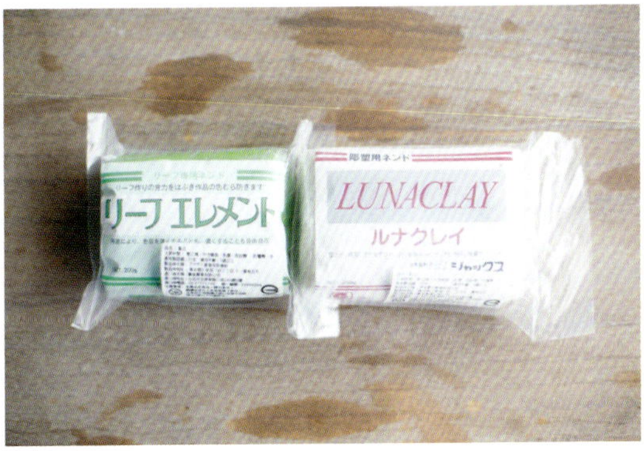

铁丝

扫描右侧二维码
可查看面包花土
详细信息。

调色

◆ 取适量白色面包花土，加入黄色油彩，揉成黄色。

◆ 取适量白色面包花土，加入红色和黄色油彩，揉成橘黄色。

◆ 取少量绿叶土加入白色面包花土中，揉成浅绿色。

◆ 取少量绿叶土和白色面包花土，加入蓝色油彩，揉成蓝绿色。

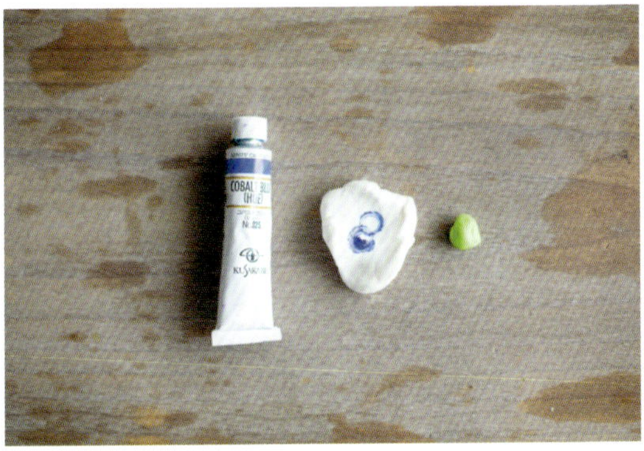

◆ 取少量白色面包花土，加入咖啡色油彩，揉成咖啡色。

调整形状

球形：将黏土放在掌心，两手用力搓成球形，表面光滑没有裂痕方可，这是黏土的基本造型。很多其他造型基本上是由球形变化而来的。

椭圆形：将搓好的球形放在掌心，来回平行搓，使球形变成椭圆形。

水滴形：先把黏土搓成球形，再将它放在掌心来回搓，使黏土成为一头粗、一头细的水滴形。

梭形：在水滴形的基础上，把粗的一头来回搓，形成两头尖的形状即可。

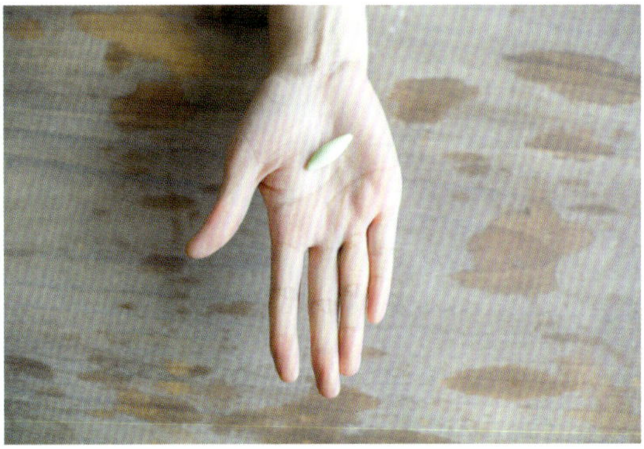

包铁丝（18/22/26 号）铁丝以 45° 角斜放在纸胶带上，包牢。

初级作品
难度系数：★

Lithops pseudotruncatella (Bgr.) N.E.Br

01
生石花

Lithops pseudotruncatella (Bgr.) N.E.Br

Lithops pseudotruncatella (Bgr.) N.E.Br

01 生石花

谁会见过石头开花？但在非洲南部的一些荒漠地区，满地的碎石子，却开着各色各样的小花，而且这些花全是从石头缝里挤出来的。初到这里，很多人往往会情不自禁地问：这里的石头会开花？其实，这些就是和石头颜色非常相似的生石花。

取适量的黏土搓成一个胖水滴形。

把胖水滴形一端压平。

用七本针做出表面的坑洼。

用弯刀在中间压出一条缝，再用18号铁丝沾胶水插入底部。

表面用白色油彩薄薄地刷一层。

再用咖啡色油彩局部修饰即可。

Graptopetalum amethystinum

02
桃之卵

Graptopetalum amethystinum

02 桃之卵

桃蛋本名桃之卵，叶子其实并不是一直都这么红，随着气温的变化会变成绿色，这也是它最吸引人的地方。肥嘟嘟的叶子，粉嫩的颜色，再加上淡淡的粉白色很是吸引眼球。

取适量黏土搓成胖水滴形。

一端稍微压扁。

从较细端插入铁丝，晾干待用。

取红色、咖啡色油彩上色。

中间组合3颗小的胖水滴形叶子。

将叶子从小到大依次组合即可。

Graptopetalum mendozae

Graptopetalum mendozae

Graptopetalum mendozae

03 姬秋丽

03 姬秋丽

姬秋丽是多肉中的小可爱，它不但拥有多肉独有的美丽状态，还拥有较小的身材，而且颜色也非常漂亮。宝石一样的叶子，配合莲花一样的造型，一株株粉红色的姬秋丽就出现在花盆中了。

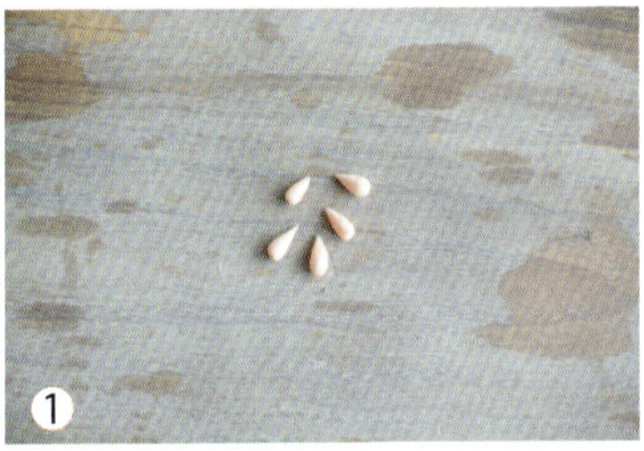

取适量黏土搓出多颗小胖水滴形。

再搓出尖，做出 10 片左右的叶子后待干。

稍微压扁。

18 号铁丝一端用水滴形黏土包裹待干。

把叶子依次粘上去。

取红色、白色油彩上色即可。

Kalanchoe luciae

04
唐印

04 唐印

唐印属于中国特色的多肉，天生拥有比较大的体型（在多肉植物里），这种特性也造就了它“霸气”的个性。一株唐印，完全可以撑起一个花盆，独自成为一道美丽的风景。春秋天的唐印，热情似火，红红的叶子煞是可爱。

取适量黏土搓出胖水滴形。

用压盘压出有一定厚度的叶子。

在较尖的部分插入 26 号铁丝。

上色。

先用两片大叶子组合。

再从小到大逐层加叶子即可。

05
虹之玉

Sedum rubrotinctum

05 虹之玉

虹之玉小巧美丽，
晶莹剔透。绿中带
红的样子萌到你了
吗？

在 18 号铁丝上裹上黏土，搓成短水滴形待干。

取适量黏土，依次搓出一个比一个长的水滴形，搓 15 颗左右待干。

待半干后依次粘在主干上。

组合完成。

取红色油彩上色即可。

06
月影

06 月影

月影，蒙着一层淡淡的白色粉末的叶子如花一般绽放，颜色浅而通透是其魅力所在。在秋冬季节渐渐显出粉红色，越发美丽。

取适量黏土搓出如图所示的梭形后压扁当作叶子，捏出 20 片左右后，在较宽的一端捏出尖头。

待叶子半干后开始组合第 1 层的 3 片。

依次组合。

可按自己的喜好组合层数。

在尖头上点一点红色油彩即可。

Sedeveria 'Hany Butter field'

07
千佛手

Sedeveria 'Hany Butterfield'

07 千佛手

叶子呈圆柱形，像婴孩的手指一样粉粉嫩嫩的，非常可爱。

搓成梭形后上部略胖，顶部较尖。

每片叶子都穿在铁丝上。

用调好颜色的油彩上色。

依次组合叶子即可。

08
夕印

08 夕印

夕印最美丽的就是它的颜色，从内到外分别呈现出绿色、黄色和红色。用亮黄色配合边缘的红色和中心的绿色，就像夕阳一样漂亮。

取适量黏土搓出胖水滴形。

一头略尖，压扁。

用工具在顶部压出一条凹槽。

用调好颜色的油彩上色。

中心用 3 片小叶子组合。

第 2 层叶子与第 1 层叶子错开，依次组合。

09 静夜

取适量黏土搓出梭形。

将梭形压扁，穿在铁丝上。

用调好颜色的油彩上色。

依次组合，可按自己的喜好组合层数。

中级作品

难度系数：★★

Crassula ovata 'Gollum'

10 筒叶花月

10 筒叶花月

筒叶花月叶形奇特，色泽宜人。它的叶子翠绿，四季常青，顶端倾斜，斜面通常为椭圆形，有光泽。冬季，其斜面的边缘呈红色，非常美丽，是一款较常见的多肉精品。

取适量黏土搓出长水滴形。

用白棒在一端扎出凹洞。

每片叶子裹好铁丝后晾半干待用。

中心用大叶子，外层用小叶子组合。

取咖啡色油彩上色即可。

Haworthia fasciata

11 十二卷

十二卷

阳台上的十二卷已养在我家七八年了，一直放在角落里。从买回来的一小株到现在的爆盆，期间并没怎么好好照顾它，夏天任日晒，冬季任霜打，甚至有几年连水都没怎么浇过。原来，这种在我家里不怎么受重视的植物还有这么一个充满书卷气息的名字。

取适量黏土搓出多个两头尖的梭形作为叶子。

将长铁丝一端弯钩，插入其中一片叶子较粗的一端，晾干待用。

用白色凸凸笔画出白线。

用 3 片叶子组成内层叶片。

依次逐层将叶子组合上去。

用咖啡色油彩在顶部上色，做出枯叶状即可。

Kalanchoe thyrsifolia

12
碧光环

12 碧光环

碧光环长得有点像有着两只长长耳朵的小兔子脑袋，很多花友也叫它小兔子。第一次看见它就被其可爱的小脑袋吸引住了，太呆萌啦。

取绿叶土搓成小长条后晾干待用。

再取绿叶土搓成胖水滴形。

用弯刀再划出一条缝隙。

在晾干的小长条上沾上胶水，插入胖水滴形的缝隙中，再插入铁丝。

取适量浅咖啡色黏土，用黑棒擀薄。

粘在底部即可。

Echeveria 'Hakuhou'

13
白凤

Echeveria 'Hakuhou'

13 白凤

白凤雍容华贵的身形，和唐朝仕女有一拼。春秋天的白凤表面是清爽的青绿色，在白粉的覆盖下，微微泛蓝。冬天低温加上强日照的话，叶尖、叶缘、叶背会泛红。抹着白粉的圆圆叶片，在低温下，就像可爱的小女孩在雪地中被冻得红通通的苹果脸。厚厚的粉白配上红色的边，一朵粉嫩的“莲花”就展现出来了。

取适量黏土做出一个梭形后，包裹在 18 号铁丝上。

取适量黏土搓出梭形，做大约 15 个。

把梭形黏土压扁，捏出小尖，做成叶子。

取 3 片小叶子组合出中心。

再依次从小到大把叶子组合上去。

取红色油彩上色即可。

14 吉娃莲

14 吉娃莲

吉娃莲的叶尖有红晕，株形小巧，叶子呈非常标准的莲座状紧密排列，叶子卵形略包拢，顶端带小尖，小尖常红色，叶子从绿色到蓝绿色，略带白粉，叶缘带红晕。吉娃莲既富有青春气息，又美丽动人。

萌萌的小叶子，加上萌萌的小红爪，配合萌萌的红色，怎么看它都是“萌”的化身。

取 8 号铁丝包裹 1 个黏土做出的梭形后待干。

取适量黏土搓出 12 个梭形。

把 12 个梭形略微压扁。

用 3 片小叶子组合出中心。

再由小到大依次把叶子组合上去。

组合完毕，取红色油彩上色后，再撒上白色粉末（可用滑石粉代替）即可。

15 蓝光

15 蓝光

蓝光的叶子呈莲座状排列，叶子边缘为红色，两侧稍向内弯曲。叶子棱角分明，叶面光滑，上有白粉，从叶尖到叶心可以看到有明显的“折痕”，把叶子一分为二。边缘非常薄，有点像刀口，边缘的红色衬托着叶子上的白粉，显得特别可爱。

取适量黏土搓成长水滴形。

把长水滴形用工具压扁。

取调好颜色的油彩上色。

用 3 片小叶子组合出中心。

依次把大叶子组合上去，再撒上白色粉末（可用滑石粉代替）即可。

16 膨珊瑚

Euphorbia oncoclada

16 膨珊瑚

据说膨珊瑚是一种很好的风水植物，不仅能净化空气，吸收辐射，还能改善家居风水。它喜欢干燥和阳光充足的环境，养好了还能开花呢！

取 26 号铁丝裹上黏土后晾干待用。

把包好的铁丝用纸胶带组合。

依次做出枝丫。

取咖啡色油彩上色即可。

Echeveria runyonii
'Topsy Turvy'

17
特玉莲

Echeveria runyonii
'Topsy Turvy'

17 特玉莲

特玉莲叶形十分奇特，叶子为扭曲的匙形，两侧边缘向外弯曲，导致中间部分拱起，而叶子的尖端向生长点内弯曲。叶背中央有一条明显的沟，表面覆有一层厚厚的天然白霜，顶部呈淡淡的粉红色。

取适量黏土搓出多个两头尖的长水滴形。

用工具压出中间的凹槽。

用铁丝固定 3 片叶子。

用 3 片叶子做中心。

依次组合，越靠外层叶子越大，尖部涂上红色油彩即可。

Crassula 'Campfire'

18

火祭红景

18 火祭红景

火祭红景鲜红的肉质叶是其独特的魅力所在，如燃烧的火焰般给人以蓬勃向上的热情活力。在晚秋至初春的寒冷季节，其叶色尤为鲜亮，非常应景。多头丛生老株可作为中小型垂吊盆景，装饰在光照充足的窗台、阳台、庭院等处，令人眼前一亮，颇具热带风情；小巧的单株可与其他多肉植物组合盆栽，起到点缀提色的作用，别有一番风味。

① 取适量黏土，搓出小水滴形。

② 将水滴形压扁，中间压凹，再插入铁丝。

③ 取调好颜色的油彩上色。

④ 依次组合叶子即可。

19
宝珠

19 宝珠

有人说长桩的宝珠看起来很像一根权杖。确实，宝珠的叶片呈蜡绿色，叶片边缘呈红色，非常好看。它需要充足的阳光和凉爽干燥的环境，是需要耐心呵护的多肉哦！

取适量黏土，搓出胖水滴形。

压扁后，用工具压凹。

取 18 号铁丝，在顶部粘上压扁的胖水滴形。

用调好颜色的油彩给叶子上色。

第 1 层粘上 3 片小叶子作为中心。

从小到大依次组合上叶子后完成。

高级作品

难度系数：★★★

20
月兔耳

20 月兔耳

月兔耳为多年生多肉类植物，叶子奇特，形似兔耳，植株密被茸毛，叶子边缘有褐色斑纹，像毛茸茸的小兔子，超萌、超有爱。

取适量黏土，搓出两头尖的梭形。

放在手心压扁。

用工具在一端压出锯齿形状。

中间压出凹槽。

在锯齿部分点上调好颜色的油彩。

在表面刷一层胶水，撒上茸毛。

将叶子组合起来即可。

Sedum morganianum

21

玉缀

Sedum morganianum

21 玉缀

玉缀呈青绿色，表面覆白粉。叶小，呈纺锤形，
紧密重叠，似松鼠尾巴。
它如翠玉一般的叶子，加上花叶一样的外形，
活脱脱一块巧夺天工的翡翠。

取适量黏土，搓出约 60 个梭形叶子后晾干待用。

取 26 号铁丝包裹上黏土。

把晾干的梭形叶子逐片粘在铁丝上。

每片叶子交叉固定。

取红色、咖啡色、白色油彩上色即可。

22 钱串

Crassula perforata

22 钱串

钱串肉肉的叶子按顺序排列，因酷似一串串古代的钱币而得名，株形玲珑可爱，色彩明快悦目。叶缘的红色十分明显，加上类似钱串的形状，看上去十分讨喜。钱串蓬勃的生命力，总给人以财源滚滚的美好憧憬。

Crassula perforata

取 18 号铁丝包裹上黏土后晾干待用。

用适量黏土搓出小水滴形。

将水滴形压扁。

第 1 层在铁丝前端粘两片小叶子。

再取适量黏土搓出梭形叶子后压扁。

中间用黑棒压出凹槽。

在叶子中间把包裹好的铁丝插入。

每层交叉组合。

取红色油彩上色即可。

Adromischus cristatus

23

天章

23 天章

大家都喜欢称天章为天章水泡，因为它有着奇特的叶子，有圆形、梭形、椭圆形、扁平形等；颜色也很丰富，有白色、银色、蓝色、绿色、黄色、红色、紫色、镶拼色等。

取适量黏土搓出胖水滴形。

把胖水滴形压扁。

用工具做出波浪形状。

每片叶子都用铁丝固定。

用纸胶带把叶子组合起来。

取油彩在边缘上色即可。

Bryophy llum fedtschenkoi 'Variegata'

24
蝴蝶之舞锦

24 蝴蝶之舞锦

叶子呈淡绿色或蓝绿色，交互对生，肉质扁平，卵形至长圆形，边缘呈锯齿形，上有不规则的乳白色、粉红色或黄色斑块。新叶更是五彩斑斓，甚为美丽，如翩翩起舞的蝴蝶。

取适量黏土搓出胖水滴形。

把胖水滴形压扁。

如图所示，在叶子边缘做出锯齿形状，底部再用铁丝固定后待干。

取 18 号铁丝包裹上黏土。

取红色、绿色油彩上色。

把叶子一片一片粘到铁丝上即可。

注意是两片叶子对生。

Cotyledon tomentosa

25 熊童子

Cotyledon tomentosa

25 熊童子

一直以为熊童子有两种：一种爪子是红色，一种爪子是黑色。直到最近，发现以前的红爪大熊变成了黑爪……后来才知道是环境改变后状态不一样了而已。多肉植物还真是百变星君啊！

取适量黏土，搓出胖水滴形。

将胖水滴形微微压扁。

用工具做出锯齿形，底部用 26 号铁丝固定。

顶部涂上油彩。

表面刷上胶水后沾上茸毛。

将各片叶子组合起来即可。

Echeveria cv Meridian

26
女王花笠

Echeveria cv Meridian

26 女王花笠

女王花笠叶子宽阔、肥厚，叶缘呈波纹状，具红色或红褐色，形似大波浪裙摆，甚为华丽。做成盆栽摆放在窗台、茶几或镜前，非常可爱。冬季叶缘转红，似红色舞裙，引人瞩目。

① 取适量黏土搓出长水滴形。

② 用工具压扁。

③ 用工具在边缘做出波浪形。

④ 根部插入铁丝，并用手指将叶片中心压凹。

⑤ 取咖啡色、红色油彩上色。

⑥ 待叶子半干后依次组合上去即可。

Sedum spurium

27 小球玫瑰

Sedum spurium

27 小球玫瑰

小球玫瑰也叫龙血景天。别看它外形精致纤巧，却耐寒又耐旱，具有很强的生命力，在温差大、阳光充足的时候，叶色会更加鲜艳，红彤彤的讨人喜欢。

在铁丝上包裹黏土。

取适量黏土搓出水滴形。

压扁，再用工具压凹。

第 1 层粘 3 片小叶子作为中心。

一层一层地围着中心把大叶子组合上去。

用调好颜色的油彩上色。

上色完毕即可。

Aeonium arboreum var. atropurpureum

28 黑法师

Aeonium arboreum var. atropurpureum

28 黑法师

黑法师株形优美，外形特殊，黑紫色的叶子神秘而高贵，庄严又美丽，吸引着众多多肉爱好者的目光。黑法师叶子呈莲座状排列，酷似一朵朵盛开的莲花，在各种观赏植物中独树一帜。

取适量黏土，搓出两头稍尖的长水滴形。

压扁，做出小叶子。

取 18 号铁丝，在顶部包裹上黏土，捏成小水滴形。

先把 3 片小叶子粘上去，再组合外面 3 片，依次往外组合。

用调好颜色的油彩上色即可。

Euphorbia decaryi

29 皱叶麒麟

29 皱叶麒麟

皱叶麒麟株形不大，形态很像热带海滩上被狂风吹袭的椰子树。褶皱的叶片和茎给人以历尽沧桑又顽强生长的感觉，很适合装饰在盆里，营造出海滩风光。

Euphorbia decaryi

取适量黏土，搓出两头尖的梭形。

用工具在中间压出凹槽。

在两边缘做出褶皱，叶子用铁丝固定。

中间组合 3 片叶子。

依次组合好所有的叶子即可。

30
山地玫瑰

Greenovia aizoon

30 山地玫瑰

山地玫瑰的叶色有灰绿、蓝绿或翠绿等。花期为从暮春至初夏，花朵为黄色。在休眠期，为躲避强光、酷热等不利条件，外围叶子老化枯萎，而中心部分的叶子紧紧包裹在一起。株形酷似含苞欲放的玫瑰花，让多肉植物爱好者为之疯狂。

取适量黏土，搓出胖水滴形。

把胖水滴形用工具压扁，做成扇形花瓣。

取 18 号铁丝，把 1 片扇形花瓣包裹上去，做成花芯。

在花芯上包裹 3 片花瓣。

一层一层地增加花瓣。

逐渐组合成玫瑰的形状即可。